细工花

纯手感立体布花小物

玩创编辑小组　著

河南科学技术出版社
·郑州·

前言

　　花，在风的带动下优雅地摆动身躯跳舞；花，让人赏心悦目、忘记烦心琐事，让人愉快地感受到它的优雅和美丽；但花会凋零，所以，我用布制作成花，并搭配上各式的饰品和配件，打造出独一无二的风格。让花不再只是回忆，而是永远的纪念与陪伴。

　　书中会教读者制作各种不同的花瓣和叶子，让读者选择自己喜欢的搭配方式。发夹、发箍、发圈、胸针，只要是你喜欢的饰品，都可以与布花相结合，大大增强了实用性。除此之外，我尝试在花中加入了珍珠、水钻等装饰品，让柔软的花有了另一番质感。

　　这本书里的布花，不只是在穿和服时才能佩戴，在日常生活中也能使用。其实只要在布花上做一些小的改变，就能变化出各种不同的样式和味道，不管是大人还是小孩都能佩戴，并装扮出自己的 style（风格）！也可以用制作衣服剩下的布料，制作同花色的发饰，搭配起来非常可爱！快跟着书中的步骤，创造出自己的第一朵布花吧！再依照自己的穿着，选择最适合自己的搭配方式，让细工花为你的生活增添色彩！

目录

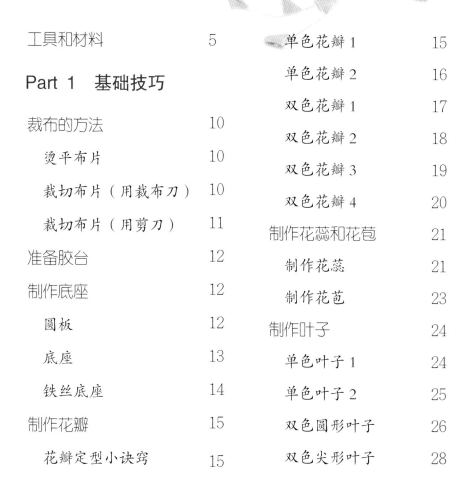

Part 2 制作细工花饰品

工具和材料

基本工具

1. 熨斗

把布熨烫平整。

2. 布

棉布、棉麻、缎布等布料都可以用来做布花。

3. 裁布刀

裁布片时使用。

4. 裁布剪刀

裁剪布片的专用剪刀。

5. 刮刀

铺胶时刮取胶水或糨糊。

6. 木板

用于制作胶台。

7. 胶水

用来粘贴布花或使布花定型，也可用糨糊代替。

8. 热熔胶枪

固定布花或装饰品。

9. 强力胶

粘贴材料和配件，瞬间即可固定。

10. 切割垫

在切割垫上切割物品，可避免切坏桌面。

11. 修剪剪刀

用于修剪材料。

12. 镊子

用于夹取物品。

13. 平口钳

用来固定铁丝或塑造铁丝的弧度。

14. 斜剪钳

可剪断铁丝。

15. 圆嘴钳

用于给铁丝塑型。

16. 硬纸板

用来制作布花底座。

17. 铁丝

用于固定布花。

18. 纸胶带

用来缠绕、固定铁丝。

19. 记号笔

裁布时做记号。

20. 长尺子

裁切布片的辅助工具。

21. 圆规

用来绘制圆形。

各式饰品

人造花蕊

蕾丝、缎带

水钻

珍珠

发箍 1

发箍 2

发箍 3

发夹 1

发夹 2

发夹 3

发夹 4

发夹 5

胸针夹

发圈

发叉

花蕊 1

花蕊 2

花蕊 3

花蕊 4

花蕊 5

棉线

Part 1
基础技巧

裁布的方法

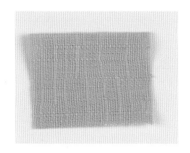

◆ 烫平布片

01 取要裁切的布片。

02 在布片上喷洒水。（注：喷洒水后布会比较容易烫平。）

03 熨斗加热到适合布料的温度，均匀地在布片上移动、熨烫。

04 如图，布片已经熨烫平整。（注：烫平后布会比较好裁切。）

◆ 裁切布片（用裁布刀）

01 取裁布刀放置在长尺子侧边并裁去布片不平整的边缘。

02 重复步骤1的方法，裁去布片所有不平整的边缘。

03 量出需裁切的布片大小，用裁布刀裁切布片。（注：可以用切割垫的方格辅助测量的工具。）

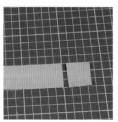

04 如图，用裁布刀将布片裁切完成。

◆ 裁切布片（用剪刀）

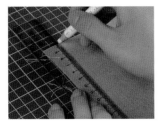

(1) 取记号笔放置在长尺子侧边。

(2) 用记号笔在要剪裁的部位画上线条。

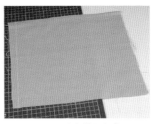

(3) 如图，线条绘制完成。

(4) 用剪刀沿着线条剪下布片不平整边缘。

(5) 如图，剪下所有不平整边缘。

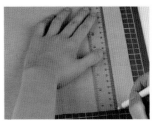

(6) 用尺子量出需裁切的布片的尺寸，并用记号笔绘制辅助线。

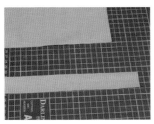

(7) 用剪刀沿着辅助线剪下长条形布片。

(8) 用尺子量出裁切的布片的尺寸，并用记号笔绘制辅助线。

(9) 用手沿着辅助线折叠布片。

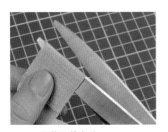

(10) 用剪刀剪布片。

(11) 如图，用剪刀将布片裁切完成。

准备胶台

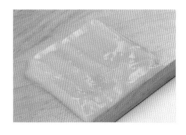

注意:

一次需要做多片花瓣的时候，可以准备胶台给花瓣定型。

1. 在铺胶时，注意要将胶水或糨糊铺平整。
2. 胶水或糨糊的厚度至少 3mm。
3. 可根据个人需求，调整铺胶的面积。

步骤

01 用刮刀取胶水或糨糊至木板上。

02 用刮刀铺平整。

03 最后，将四边也刮平整即可。

制作底座

◆ 圆板

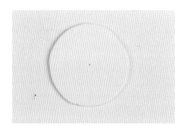

步骤

01 用圆规在纸板上绘制圆形。

02 用剪刀沿着线迹剪下圆形纸板。

03 最后，用橡皮擦擦去线迹。制作 2 个圆板，一个大的，一个小的。

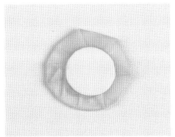

底座　　　　　　　　　　　　铁丝底座

❀ 底座

取剪好的大的圆板，并在一面涂上胶水。

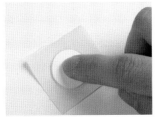

将圆板粘贴在布片中间。

在布片上涂上胶水。

用手将布片沿着圆板的边缘向内折。

重复步骤4，依序将布片向内折。

如图，用布片包住圆板。

在已包覆布片的圆板上涂上胶水。

用镊子夹取小的圆板放在胶水上。

用镊子夹住，使圆板与布片粘贴更紧密。圆形底座制作完成。

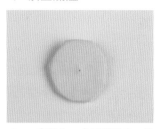

01 先制作一个圆形底座，用圆规尖端在圆形底座中心扎一个小洞。

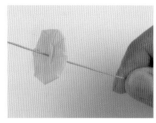

02 取铁丝穿过圆形底座中间的小洞。

03 用平口钳将铁丝前端向下弯折，呈 U 形。

04 用平口钳将 U 形铁丝稍微向一侧弯折。

05 将 U 形铁丝压到圆形底座上。

06 如图，底座上的铁丝压制完成。

07 在布片上涂上胶水。

08 最后，用镊子夹取圆板放在胶水上。再用镊子夹紧即可。

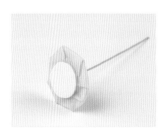

09 如图，铁丝底座制作完成。

制作花瓣

◆ 花瓣定型小诀窍

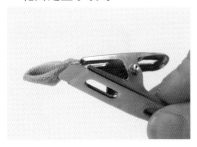

花瓣做好后，如图用一个铁夹夹住，可以加强固定，帮助花瓣定型。

◆ 单色花瓣 1

步骤

01 用镊子夹取一片正方形的黄色布片，用手将布片对折成三角形。

02 用手和镊子辅助，再次将布片对折。

03 如图，三角形完成。按照图片所示放布和镊子。

04 用手将角②、角③往角①处对折，使布片呈花瓣状。

05 用镊子整理一下花瓣的形状。

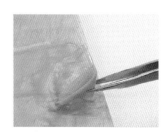

06 最后，将花瓣放在胶台上定型即可。

15

◆ 单色花瓣 2

 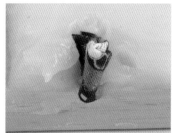

步骤

01 用镊子夹取花布。

02 用手将花布对折成三角形。

03 用手和镊子辅助，再次将布片对折。

04 按照图片所示放布和镊子。

05 用手将角②、角③往角①处对折，使布片呈花瓣状。

06 如图，花瓣 2 制作完成。

07 将花瓣用手弯一下，这样花瓣会向一侧弯曲。

08 最后，将花瓣放在胶台上定型即可。

◆ 双色花瓣 1

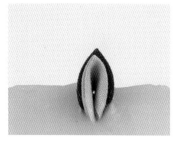 

步骤

01 取浅蓝色布，用镊子压出对角线。

02 用手将浅蓝色布对折成三角形。

03 以镊子为中线，再对折成三角形，放在旁边备用。

04 取深蓝色布，用镊子压出对角线。

05 将深蓝色布对折成三角形。

06 以镊子为中线，再对折成三角形，放在旁边备用。

07 取已折成三角形的浅蓝色、深蓝色布，并用镊子一起夹住。

08 如图将两块布一起折成三角形，呈花瓣状。

09 如图，双色花瓣 1 制作完成。

◆ 双色花瓣 2

步骤

01 用镊子夹取紫色布。

02 用镊子压出对角线，并用手将紫色布对折成三角形后，放在旁边备用。

03 用镊子夹取粉色布。

04 用镊子压出对角线，并用手将粉色布对折成三角形后，放在旁边备用。

05 用镊子夹取对折好的粉色布和紫色布，并再次对折成三角形。（注：粉色布在外侧，紫色布在内侧。）

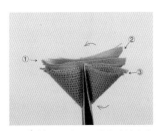

06 按照图片所示的方式放布和镊子。

07 用手辅助，将角②、角③往角①处对折。

08 如图，双色花瓣 2 制作完成。

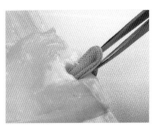

09 最后，将花瓣放在胶台上定型，完成。

◆ 双色花瓣 3

步骤

01 夹取紫色布，用镊子压出对角线，并用手将紫色布对折成三角形后，放在旁边备用。

02 用镊子夹取粉色布。

03 用镊子压出对角线，并用手将粉色布对折成三角形后，放在旁边备用。

04 用镊子夹取折好的粉色布和紫色布，并对折成三角形。（注：粉色布在外侧，紫色布在内侧。）

05 按图片所示放置布和镊子。

06 用手辅助，将角②、角③往角①处对折。

07 用镊子夹取右侧紫色花瓣。

08 将右侧紫色花瓣往左侧紫色花瓣处摆放。

09 如图，双色花瓣3制作完成。这种花瓣也叫"反折双色花瓣"。

步骤

01 取绿色布，用镊子压出对角线，并将绿色布对折成三角形后，放在旁边备用。

02 用镊子夹取红色布，并压出对角线，并将红色布对折成三角形。

03 用镊子夹取折好的绿色布和红色布。（注：以绿色布在下、红色布在上的方式摆放。）

04 将两块布片一起对折成三角形。

05 再次将三角形对折成花瓣状。

06 如图，花瓣制作完成（绿色布在下，红色布在上）。

07 重复步骤 1、2，并以红色布在下，绿色布在上的方式摆放。

08 将布对折成三角形。

09 再次将三角形对折，即完成花瓣（红色布在下，绿色布在上）。

制作花蕊和花苞

◆ 制作花蕊

材料:

花蕊 2 根
铁丝 1 根
深粉色布 1 片
浅粉色布 1 片
咖啡色纸胶带 1 段

步骤

01 取一段咖啡色纸胶带，并用剪刀将纸胶带纵向剪成两半。

02 取一根花蕊对折，再用剪刀从对折处剪成两段。

03 取三根已剪过的花蕊，用咖啡色纸胶带缠绕花蕊根部。

04 将铁丝放在花蕊根部的下方，将纸胶带继续向下缠绕。

05 如图，花蕊缠绕完成。

06 用镊子于浅粉色布上压出对角线，并顺势将布片对折成三角形。

07 用镊子夹住三角形布片中央。

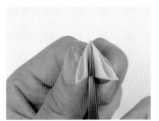

08 用手将三角形布片再次对折。

09 如图，经过两次对折，三角形完成。

10 将角②、角③往角①处对折。

11 用镊子夹住三角形布片尾端。

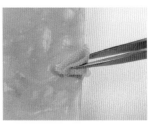

12 用镊子夹取花瓣，放在胶台上定型。

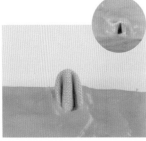

13 如图，浅粉色花瓣制作完成。

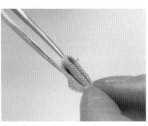

14 重复步骤6~13，完成深粉色花瓣。

15 用镊子夹取花瓣放在胶台上定型。

17 取步骤5的花蕊，并在花蕊根部涂上胶水。

18 用镊子夹取浅粉色花瓣，粘在花蕊下端的一侧。

19 用镊子加强固定花瓣。

20 用镊子夹取深粉色花瓣，交错着放在花蕊另一侧。

21 如图，花瓣交错摆放完成。

22 最后，用镊子调整花瓣，使花瓣更有立体感。

◆ 制作花苞

材料：

铁丝 1 根
粉色花蕊 1 根
米色花蕊 3 根
咖啡色纸胶带 1 段

步骤

01 取粉色花蕊。

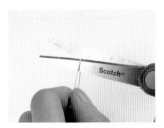

02 先将花蕊对折，再用剪刀将粉色花蕊剪成两段。

03 重复步骤 2，依序将米色花蕊也剪好备用。

04 取咖啡色纸胶带，并将纸胶带斜着粘在铁丝上，以螺旋的方式向下缠绕。

05 取第 1 根米色花蕊放在咖啡色纸胶带内侧。

06 继续将咖啡色纸胶带向下缠绕一段，再取第 2 根米色花蕊放于铁丝侧边。

07 将咖啡色纸胶带向下缠绕米色花蕊和铁丝，再取一根粉色花蕊放于铁丝侧边。

08 将纸胶带向下缠绕一段，再放第 3 根米色花蕊。继续将咖啡色纸胶带向下缠绕米色花蕊和铁丝。

09 最后，用手将咖啡色纸胶带缠至铁丝尾端即可。

制作叶子

◆ 单色叶子 1

材料：

铁丝 1 根
深绿色布 1 片

步骤

01 用镊子于深绿色布上轻压出对角线。

02 将深绿色布对折。

03 用镊子夹在三角形布片中央处。

04 将三角形布片再次对折。

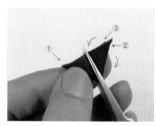

05 如图，三角形完成。

06 用手将角②、角③往角①处对折。

07 用镊子夹住三角形布片尾端，整理出叶子的形状。

08 用镊子夹取叶子，放在胶台上定型。

09 如图，单片叶子制作完成。

10 用镊子夹取叶子并沾些胶水，放在铁丝上方。

11 将铁丝放在叶子内侧开口处并涂上胶水。

12 最后，用镊子夹紧，加强固定叶子即可。

◆ 单色叶子 2

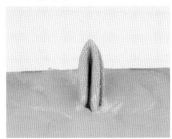

步骤

01 用镊子夹取绿色布。

02 将绿色布对折成三角形。

03 用镊子夹住三角形中线，用手将三角形对折。

04 再次将三角形对折，即完成叶子制作。

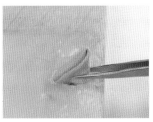

05 最后，将叶子放在胶台上定型。

双色圆形叶子   双色尖形叶子

◆ 双色圆形叶子

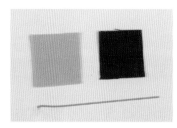

材料:

铁丝 1 根
浅绿色布 3 片
深绿色布 3 片

步骤

01 用镊子于浅绿色布上轻压出对角线。

02 将浅绿色布对折成三角形。

03 取深绿色布片，重复步骤1、2，做出另一个三角形。

04 两块三角形布重叠，用镊子一次夹起。

05 将两块三角形布片一起对折。

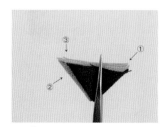

06 如图所示放布和镊子。

07 用手将角②、角③往①处对折，做出叶子的形状。

08 用镊子夹取双色叶子，放在胶台上定型。

09 用夹子夹住双色叶子，可加快布片固定。

10 用镊子轻压双色叶子中间。

11 用镊子将双色叶子的尖端弯成圆形。

12 如图，双色圆形叶子制作完成。（注：先完成3片圆形叶子备用。）

13 取铁丝，并以圆嘴钳夹住铁丝。（注：圆嘴钳上方预留一段铁丝。）

14 用手将预留的铁丝顺势向下弯折。

15 继续向下弯折铁丝，直至呈水滴形。

16 如图，铁丝弯折完成。

17 在已弯折的铁丝上端涂抹胶水。

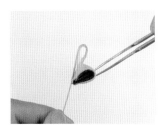

18 用镊子夹取预先做好的双色圆形叶子，并放在铁丝上端。

19 取第二片双色圆形叶子，如图放置在第一片叶子一侧。

20 最后，用镊子夹取第三片双色圆形叶子，放置在两片叶子中间的空隙即可。

01 重复"双色圆形叶子"步骤1~9，完成双色叶子。

02 取已固定的双色叶子，并用手按压叶子，使叶子呈尖形。

03 如图，双色尖形叶子制作完成。（注：先完成3片尖形叶子备用。）

04 在已弯折的铁丝上端涂抹胶水。

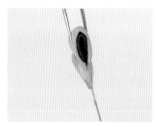

05 用镊子夹取预先做好的双色尖形叶子，并放在铁丝上方。

06 取第二片双色尖形叶子，放在第一片叶子下侧。

07 最后，用镊子夹取第三片双色尖形叶子，放在两片叶子侧边即可。

Part 2

制作细工花饰品

璀璨月色

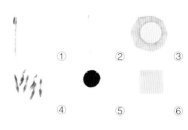

①　②　③

④　⑤　⑥

①一字夹 1 个　④水钻 6 颗
②花蕊 1 根　⑤黑色圆形不织布 1 片
③底座 1 个　⑥浅黄色布 6 片（2cm）

步骤

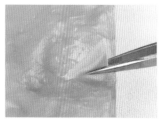

01　将布料按照 p.15 "单色花瓣
　　1" 的方法预先制作好所需的
　　花瓣，并用镊子夹取已定型
　　的花瓣。

02　先用一片花瓣沾些胶水，再
　　放在底座上。

03　再取两片花瓣摆放在底座
　　上。

04　依序将所有花瓣放在底座
　　上，逐渐呈现花朵的形状。

05　用镊子将花瓣前端向内弯
　　折，增加布花立体感。

06　布花制作完成。

在水钻背面涂上强力胶。

用镊子夹取水钻，摆放在布花的两个花瓣之间。

重复步骤7、8，依序将所有水钻粘贴于布花上。

如图，水钻粘贴完成。

用剪刀剪下一段花蕊。

在花蕊尾端涂上强力胶。

用镊子夹取花蕊，并固定在花朵中心。

在花朵底座上涂上热熔胶。

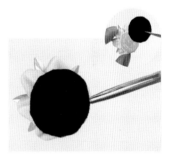

取黑色圆形不织布，放在热熔胶上并粘贴在一起。

在一字夹的底盘上涂上热熔胶。

最后用镊子夹取布花，固定在一字夹上即可。

如图，饰品制作完成。

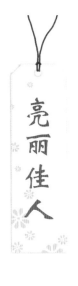

亮丽佳人

材料

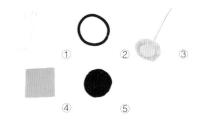

①花蕊 3 根　　④黄色布 1 片（2.6cm）
②发圈 1 个　　⑤黑色圆形不织布 1 片
③铁丝底座 1 个

步骤

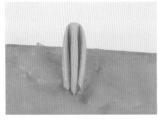

01 将布料按照 p.15 "单色花瓣 1"的方法预先制作好所需的花瓣。

02 用镊子夹取已定型的花瓣，并再次沾些胶水。

03 将花瓣固定在铁丝底座上。

04 重复步骤 3，依序将花瓣放在铁丝底座上。

05 用镊子将花瓣撑开，使花朵呈盛开状。

06 布花制作完成。

用剪刀剪下一段花蕊。（注：预先准备5段花蕊。）

用花蕊尾端沾些强力胶。

用镊子将花蕊放在花瓣中间。

重复步骤8、9，依序将5段花蕊粘贴于布花上。

如图，花蕊全部粘贴完成。

取发圈，并将布花放在发圈上。（注：将布花放在发圈接合处，可使接合处不明显。）

用钳子将铁丝缠绕于发圈上，以固定布花。

如图，布花固定完成。

在花朵底座上涂上热熔胶。

取黑色圆形不织布，摆放于热熔胶上。

最后，用手按压加强固定黑色圆形不织布即可。

如图，饰品制作完成。

初
恋
似
锦

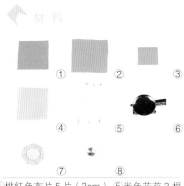
①桃红色布片 5 片（3cm） ⑤米色花蕊 3 根

②大绿色布片 1 片（3cm） ⑥胸针夹 1 个

③小绿色布片 2 片（2cm） ⑦底座 1 个

④浅粉色布片 5 片（3cm） ⑧水钻 1 颗

步骤

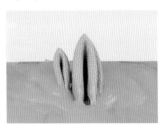

将大绿色布、小绿色布按照 p.25 "单色叶子 2" 的方法做成绿叶，放在胶台上定型。

将桃红色、浅粉色布按照 p.18 "双色花瓣 2" 的方法预先制作好所需的花瓣，再用镊子夹取已定型的花瓣并沾些胶水。

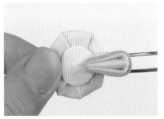

将做好的双色花瓣固定在底座上。

用镊子将花瓣顶端向内弯折。

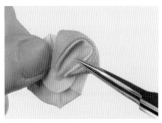

用镊子轻压花瓣中间，使花瓣更有立体感。

重复步骤 2~5，再将其他双色花瓣固定在底座上。

用镊子调整花瓣的形状，使布花呈绽放状。

如图，布花制作完成。

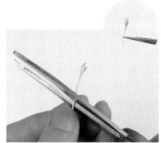

先取出花蕊，用剪刀将花蕊对折并剪成两段。（注：预先准备5段花蕊。）

在花蕊尾端沾上强力胶。

将花蕊粘贴于花瓣中间。

重复步骤10、11，依序粘上花蕊。

取2片做好的绿叶沾些胶水，固定在布花旁。

在花芯处涂上强力胶。

用镊子夹取水钻粘贴于花芯处。

在胸针夹的圆形铁盘上涂上热熔胶。

最后，将布花放在热熔胶上，并轻压固定即可。

如图，饰品制作完成。

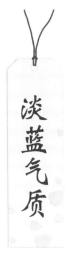

淡蓝气质

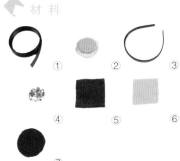

① ② ③

④ ⑤ ⑥

⑦

①缎带1段	⑤深蓝色布10片（3cm）
②底座1个	⑥浅蓝色布10片（2.5cm）
③发箍1个	⑦黑色圆形不织布1片
④水钻1颗	

♦ 步骤

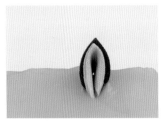

01 将深蓝色、浅蓝色布按 p.17 "双色花瓣 1"的方法预先制作好所需的花瓣。

02 用镊子夹取已定型的双色花瓣，并再次沾些胶水。

03 将双色花瓣固定在底座上。

04 重复步骤 2、3，依序将所有花瓣固定在底座上。

05 把花瓣调整成花朵盛开的形状。

06 将水钻沾些强力胶，贴于中心位置。

07 如图，布花制作完成。

08 取出发箍，并在外圈涂上强力胶。

09 取出缎带平铺粘在发箍外圈的一端。（注：发箍尾端多留出一截缎带。）

10 将黑色缎带平整地粘贴在整个发箍上。

11 在发箍两端涂上强力胶。

12 预留一小段，用剪刀剪去多余缎带。

13 将发箍两端预留的缎带折向内侧。

14 如图，发箍加工完成。

15 在布花底座上涂上热熔胶，并固定在发箍上。

16 在布花底座上再次涂上热熔胶。

17 取黑色圆形不织布贴在布花后面，并用手按压加强固定即可。

18 如图，饰品制作完成。

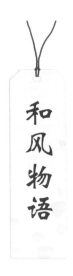

和风物语

▲ 材料

① ② ③

④ ⑤

①花布 12 片（3.5cm）	④珍珠 6 颗
②法式夹 1 个	⑤底座 1 个
③缎带 1 段	

▲ 步骤

01 将花布按照 p.16 "单色花瓣 2" 的方法预先制作好所需的花瓣。花瓣向一侧微微弯曲。

02 用镊子夹取已沾些胶水的花瓣，放在底座上。

03 重复步骤 2，再取 5 片花瓣放在底座上。

04 重复步骤 2，依序将所有花瓣放在底座上，所有花瓣朝顺时针方向微微弯曲，呈花朵盛开状。

05 先在花芯上涂上强力胶，再用镊子夹取珍珠放在花芯处。

06 重复步骤 5，依序将 5 颗珍珠粘贴于布花上，作为布花的花蕊。（注：可用镊子调整珍珠的位置。）

38

07 取第 6 颗珍珠沾些强力胶。

08 把珍珠固定在现有 5 颗珍珠的中央。

09 如图，珍珠摆放完成。

10 在法式夹上涂上强力胶。

11 将缎带粘贴于法式夹上，两端各留长一点。

12 把强力胶挤于缎带两端。

13 用镊子将两端的缎带往内折叠并粘贴在法式夹上。

14 如图，法式夹加工完成。

15 在布花底座上涂上热熔胶。

16 将布花固定在法式夹上。

17 最后，用手按压，加强固定布花即可。

18 如图，饰品制作完成。

典雅八重樱

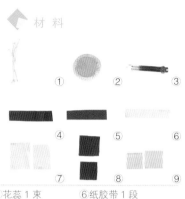

材料

① 花蕊 1 束　　　　　⑥ 纸胶带 1 段
② 底座 1 个　　　　　⑦ 米色布（4.3cm、4.5cm）各5片
③ 法式夹 1 个　　　　⑧ 红色布（2.3cm、2.5cm）各5片
④ 长方形红色布 1 片　⑨ 粉色布（3.8cm、4cm）各5片
⑤ 硬纸板 1 个

步 骤

01 将米色布、粉色布、红色布按照 p.18 "双层花瓣 2" 的方法预先制作好所需的双层花瓣。

02 用镊子夹取已沾些胶水的米色花瓣，固定在底座上。

03 用镊子将花瓣向内弯折。

04 用镊子轻压花瓣，增加花瓣立体感。

05 重复步骤 2~4，再取两片花瓣固定在底座上。

06 依序将所有花瓣固定在底座上，呈花朵的形状。

40

07 重复步骤2~4，用镊子夹取已沾些胶水的粉色花瓣，固定在米色花瓣上。

08 依序摆放所有粉色花瓣。

09 重复步骤2~4，用镊子夹取已沾些胶水的红色花瓣，放在粉色花瓣上。

10 摆放完所有红色花瓣后，再用镊子调整花瓣，使花瓣更具立体感。

11 先取出数根花蕊并对折。

12 如图，花蕊对折完成。

13 任取其中1根花蕊。

14 把步骤13取出的花蕊缠绕在其他花蕊上。

15 将花蕊打结固定成一束。

16 用剪刀剪去多余花蕊。（注：可预先做出两束备用。）

17 如图，花蕊修剪完成。

18 用剪刀剪去花蕊根部，并涂上热熔胶。

19 用镊子将花蕊放在花芯处。

20 用镊子轻压花蕊，使花蕊呈放射状。

21 如图，花蕊固定完成。

22 在硬纸板一面涂上强力胶。

23 将硬纸板粘贴在长方形红色布中央。

24 在长方形红色布上涂上强力胶。

25 将长方形红色布两侧向内收。

26 在长方形红色布的上、下端涂上强力胶。

27 将长方形红色布的上、下端向内收。

28 在法式夹上涂上强力胶。

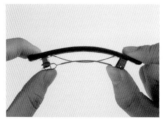

29 将包覆红色布的硬纸板放在法式夹上，并用手按压加强固定。

30 取另一束花蕊，将纸胶带放在花蕊根部。

31 把纸胶带缠绕在花蕊根部。

32 用剪刀剪断纸胶带。

33 如图，纸胶带缠绕花蕊完成。

34 在花蕊根部涂上强力胶。

35 将花蕊横着放于法式夹上。

36 在布花底座上涂上热熔胶。

37 将布花放在法式夹上。（注：尽量遮盖住花蕊根部。）

38 最后，用手按压加强固定布花即可。

39 如图，饰品制作完成。

率性宣言

材 料

①　　　　②　　　③

④　　　　⑤　　　⑥

⑦

①缎带 1 段　　　⑤水滴形水钻 5 颗
②发夹 1 个　　　⑥花布 5 片（3.5cm）
③圆形水钻 1 颗　⑦黑色圆形不织布 1 片
④铁丝底座 1 个

步　骤

01　将花布按照 p.15 "单色花瓣1" 的方法预先制作好所需的花瓣。

02　用镊子夹取已定型的花瓣，并再次沾些胶水。

03　用镊子把花瓣固定在底座上。

04　用镊子将花瓣前端撑开，并调整使它更有立体感。

05　重复步骤 2~4，依序将其他花瓣摆放至底座上。

06　用镊子调整成花朵盛开的形状。

07 如图，布花制作完成。

08 将强力胶挤于花芯处。

09 用镊子夹取圆形水钻，并粘贴于花芯处。

10 用水滴形水钻背面沾些强力胶。

11 将水滴形水钻固定在一片花瓣中间。

12 重复步骤10、11，依序将所有水滴形水钻固定于各花瓣中间。

13 如图，布花部分完成。

14 将缎带对折并平着放进发夹。

15 取强力胶涂于发夹尾端。

16 将缎带绕在发夹尾端。

17 用手将右侧缎带向下拉。

18 将左侧缎带往右下拉，使两侧缎带呈交叉状。

19 取其中一段缎带，并将缎带穿过发夹。

20 顺着发夹紧密地缠绕。

21 重复步骤 19、20，继续以缎带缠绕发夹。

22 如图，缎带缠绕完成。

23 用剪刀剪去缎带。（注：留一小段缎带。）

24 在发夹尾端的缎带上涂上强力胶。

25 用镊子夹取步骤 23 预留的缎带，粘于强力胶上。

26 剪下一截缎带，缠绕在发夹尾端。

27 如图，发夹尾端缠绕完成。

28 用剪刀剪去缎带。（注：留一小段缎带。）

29 在预留缎带上涂上强力胶。

30 用镊子加强固定缎带。发夹部分完成。

31 取步骤13中完成的布花，将铁丝放在发夹顶端。

32 将铁丝缠绕于发夹上。

33 依序将铁丝缠绕完成。

34 将热熔胶涂于铁丝缠绕处。

35 取黑色圆形不织布。

36 将黑色圆形不织布如图摆放。

37 用手按压加强固定黑色圆形不织布。

38 如图，饰品制作完成。

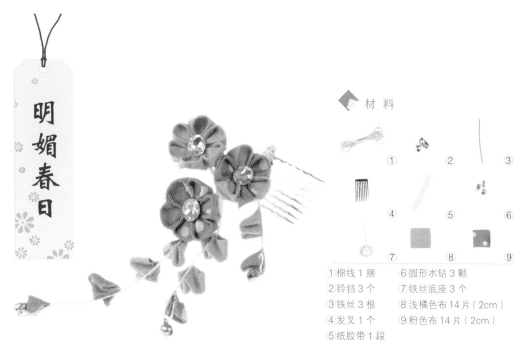

明媚春日

◆ 材料

① 棉线 1 捆　　⑥ 圆形水钻 3 颗
② 铃铛 3 个　　⑦ 铁丝底座 3 个
③ 铁丝 3 根　　⑧ 浅橘色布 14 片（2cm）
④ 发叉 1 个　　⑨ 粉色布 14 片（2cm）
⑤ 纸胶带 1 段

◆ 步骤

01 将布料按照 p.15 "单色花瓣1" 的方法预先制作好所需的花瓣。

02 取一片粉色花瓣沾些胶水，固定在底座上。

03 用镊子夹着花瓣前端调整，使花瓣前端呈圆弧形。

04 用镊子轻压花瓣中间，使花瓣呈盛开状。

05 重复步骤 2~4，取浅橘色花瓣沾些胶水，固定在底座上。

06 重复步骤 5，再取一片浅橘色花瓣固定在底座上。

07 重复步骤2~6，以不同花瓣间隔的方式摆放成花朵状。

08 在花芯处涂上热熔胶。

09 用镊子夹取水钻，固定在花芯处。

10 另取一个底座，重复步骤2~4，取一片浅橘色花瓣沾胶水，并固定在底座上。

11 重复步骤2~4，再取两片浅橘色花瓣摆放于底座上。

12 重复步骤2~4，依序摆放上所有浅橘色花瓣，完成第二朵布花。

13 在花芯处涂上热熔胶。

14 用镊子夹取水钻，固定在花芯处。

15 再取一个底座，重复步骤2~4，取粉色花瓣沾胶水，固定在底座上。

16 重复步骤2~4，依序摆放上所有粉色花瓣，完成第三朵布花。

17 在花芯处涂上热熔胶。

18 用镊子夹取水钻，固定在花芯处。

19 如图，三朵布花制作完成。

20 取纸胶带，缠绕在铁丝底座下方的铁丝上。

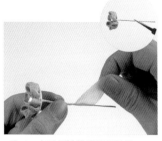

21 向下螺旋状缠绕纸胶带。

22 重复步骤 20、21，用纸胶带依序包覆三朵布花的铁丝。

23 取纸胶带并放上一根铁丝。

24 向下螺旋状缠绕纸胶带。

25 以圆嘴钳夹住铁丝尖端。

26 将铁丝尖端弯成钩状。

27 重复步骤 25、26，依序做好三根铁丝。

28 取两朵布花，并将铁丝缠绕固定在一起。

29 取第三朵布花，并将三朵花的铁丝缠绕在一起。

30 如图，铁丝缠绕完成。

31 取一根带钩的铁丝，与布花上的铁丝缠绕成一束。

32 重复步骤31，依序缠绕另两根带钩的铁丝。

33 用纸胶带缠绕铁丝。

34 如图，布花铁丝组合完成。

35 取棉线穿入铃铛。

36 在棉线一端涂上胶水。

37 反折棉线并粘成线圈，使铃铛不掉落。

38 用铁夹暂时固定涂抹胶水处待棉线固定。

39 在棉线上涂上胶水。

40 用镊子夹取花瓣放在胶水上。

41 在棉线上涂上胶水。

42 在棉线上放上第二个花瓣。
（注：可根据个人喜好决定摆放的距离。）

43 如图所示再放上第三片花瓣。

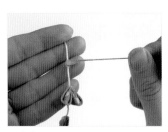

44 在棉线上涂上胶水。

45 如图所示在棉线两侧放上第四、第五片花瓣。

46 如图，花瓣粘贴完成，形成一条花瓣流苏。

47 在棉线末端涂上胶水。

48 用镊子将棉线反折粘成线圈。

49 取铁夹加强固定涂抹胶水处。

50 同样方法再做出两条花瓣流苏，花瓣数目和流苏长度可以不同。

51 用镊子夹取一条花瓣流苏，挂在布花上的铁钩中。

52 用圆嘴钳将铁钩向内弯成小圆，使流苏不易掉落。

53 重复步骤51、52，再取一条花瓣流苏挂在布花上的铁钩中。

54 重复步骤51、52，挂上第三条花瓣流苏。

55 如图，花瓣流苏装饰完成。

56 在发叉上涂上热熔胶，将布花放在发叉上，并用手按压加强固定。

57 用平口钳将铁丝尾端往后弯，并将铁丝压紧。

58 取棉线，将一端缠绕于布花的铁丝上和发叉上。

59 以螺旋状的方式继续缠绕线。

60 继续缠绕直到铁丝上绕满棉线。

61 用剪刀剪去多余棉线。

62 在棉线上涂热熔胶以固定其尾端。

63 在发叉侧边涂上热熔胶并把线头再缠绕几圈，增加整体感。

64 最后，用镊子加强固定棉线即可。

65 如图，饰品制作完成。

紫阳花开

材料

① ② ③

④ ⑤ ⑥

①绿色布5片（2cm）　④米色布9片（2cm）
②天蓝色布16片（2cm）　⑤小珍珠数颗
③深蓝色布8片（2cm）　⑥胸针夹1个

步骤

01 将布料按照 p.15 "单色花瓣1" 的方法预先制作好所需的花瓣和叶子。

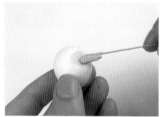

02 找一个大小合适的保丽龙球在上面涂上胶水。

03 用白色布包覆保丽龙球的一面，并用手将布面拉平整。
（注：建议用有弹性的布包覆，包好后布面更平整。）

04 在保丽龙球的另一面涂上胶水。

05 将左右两侧的布向内包覆。

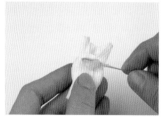

06 包覆完成后，再涂上胶水。

07 取保丽龙球上边的布。

08 将布向内包覆后，再涂上胶水。

09 取剩余的布，依序向内包覆。

10 如图，保丽龙球包覆完成。

11 在胸针夹的圆形铁盘上涂上热熔胶。

12 取已包覆布的保丽龙球，放在热熔胶上方。

13 承接步骤 12，用手压紧保丽龙球，即完成半球形底座。

14 用镊子夹取已沾些胶水的一片天蓝色花瓣，并固定在底座上。

15 用镊子夹着天蓝色花瓣前端调整，使前端呈圆弧形。

16 重复步骤 14、15，使花瓣呈蝴蝶结状。

17 重复步骤 14、15，取深蓝色花瓣贴于天蓝色花瓣侧边。

18 重复步骤 14、15，取米白色花瓣贴于深蓝色花瓣侧边。

19 重复步骤 14~18，依序取不同颜色的花瓣粘贴于底座上，完成第一圈花瓣。

20 用镊子夹取已沾些胶水的深蓝色花瓣，放置在两片花瓣中间。

21 重复步骤 20，依序取不同颜色的花瓣堆叠。

22 花瓣间需预留空隙，以便后续摆放绿色叶子。

23 继续堆叠花朵，呈现绣球花状。

24 用镊子夹取已沾些胶水的绿色叶子，并摆放于花瓣之间的空隙中。

25 依序将所有叶子摆放完成。

26 如图，绿色叶子装饰完成。

27 在四片花瓣中心涂上胶水。

28 用镊子夹取珍珠并粘贴于花芯处。

29 最后，依序取珍珠摆放于所有花芯处即可。

30 如图，饰品制作完成。

流
金
年
华

① ② ③

④ ⑤ ⑥

⑦ ⑧

①硬纸板 1 个　⑤底座 1 个
②法式夹 1 个　⑥水钻 1 颗
③金属叶 3 片　⑦缎带 2 段
④金箔片少许　⑧蓝色布 10 片（2cm）

步 骤

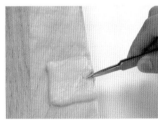

01 将布料按照 p.15 "单色花瓣
1" 的方法预先制作好所需的
花瓣。

02 先取一片金属叶，并于金属
叶根部涂上胶水。

03 将金属叶固定在底座上。

04 重复步骤 2、3，贴上另一片
金属叶。

05 如图，金属叶固定完成。

06 先将花瓣沾些胶水，再将花
瓣固定在底座上。

57

07 重复步骤6，依序将所有花瓣固定在底座上，呈花朵状。

08 取第三片金属叶，并用斜剪钳剪掉一部分边缘。

09 重复步骤8，继续修剪金属叶直到成为自己喜欢的形状。

10 如图，金属叶修剪完成。

11 金属叶根部沾些强力胶后，再固定在底座上。

12 如图，金属叶粘贴完成。

13 将强力胶涂抹于花芯处。

14 用镊子夹取水钻，固定在花芯处。

15 将胶水涂抹于硬纸板上。

16 取一段缎带平铺于硬纸板上。

17 重复步骤16，取另一段缎带平铺于硬纸板上。

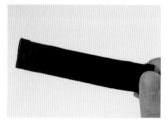

18 将多余的缎带往内收，并以胶水固定，做成缎面硬纸板。

19 取出法式夹，并将强力胶涂于法式夹上。

20 取出缎面硬纸板，固定在法式夹上。

21 用手按压加强固定缎面硬纸板。

22 将胶水涂抹于缎面硬纸板左上角。

23 用镊子夹取金箔，装饰缎面硬纸板。

24 取更多金箔堆叠出层次感。

25 取强力胶涂于法式夹上。

26 用手将布花放在涂有强力胶处固定即可。

27 饰品制作完成正面图。

28 饰品制作完成反面图。

优雅珠光

材料

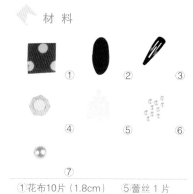

① ② ③

④ ⑤ ⑥

⑦

①花布10片（1.8cm）	⑤蕾丝 1 片
②椭圆形硬纸板 1 个	⑥小珍珠数颗
③发夹 1 个	⑦大珍珠 1 颗
④底座 1 个	

步骤

01 将布料按照 p.15 "单色花瓣 1" 的方法预先制作好所需的花瓣。

02 用镊子夹取已定型的花瓣，并再次沾些胶水。

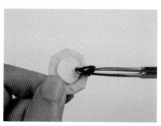

03 用镊子将花瓣固定在底座上。

04 重复步骤2、3，再将4片花瓣固定在底座上。

05 重复步骤2、3，依序将所有花瓣固定在底座上，呈花朵状。

06 在花芯处涂上热熔胶。

07 将大珍珠固定在花芯处。

08 如图，大珍珠固定完成。

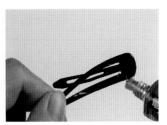

09 将强力胶涂抹于发夹尾端。

10 将椭圆形硬纸板固定在发夹上。

11 用蕾丝沾些强力胶。

12 将蕾丝贴于椭圆形硬纸板前面。

13 将强力胶涂抹于椭圆形硬纸板后面。

14 将椭圆形硬纸板左侧多余的蕾丝往内收。

15 顺着椭圆形硬纸板外形，将蕾丝依序往内收。

16 如图，蕾丝固定完成。

17 先在布花底座上涂上强力胶后，再固定在蕾丝上。

18 在发夹侧边涂上强力胶。

19 用镊子夹取小珍珠固定在强力胶上。

20 依序将所有小珍珠固定在发夹侧边。

21 调整小珍珠呈弯月形。

22 在发夹另一侧涂上强力胶。

23 最后，再用镊子夹取小珍珠，依序摆在强力胶上即可。

24 如图，饰品制作完成。

绚丽夜曲

① ② ③

④ ⑤ ⑥

①蕾丝花布 1 片　　④水钻 1 颗
②椭圆形花布 1 片　　⑤胸针夹 1 个
③花布 7 片（2cm）　⑥椭圆形硬纸板 1 个

步 骤

01 将布料按照 p.15 "单色花瓣1" 的方法预先制作好所需的花瓣。

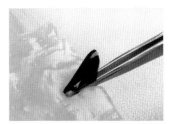

02 用镊子夹取已定型的花瓣，并再次沾些胶水。

03 用镊子将花瓣固定在底座上。

04 用镊子将花瓣前端向内弯折。

05 用镊子轻压花瓣前端，调整花瓣形状呈三角形。

06 重复步骤 2~5，依序将花瓣摆放在底座上。

07 将所有花瓣摆放在底座上，呈花朵状。

08 在布花中心涂上热熔胶。

09 用镊子夹取水钻，固定在布花中心。

10 如图，水钻粘贴完成。

11 在椭圆形硬纸板上涂上强力胶。

12 将椭圆形硬纸板放在椭圆形花布中央。

13 在花布边缘上涂强力胶。

14 用手将右侧花布向内折。

15 用手按压，使花布固定在硬纸板上。

16 依序将花布沿着椭圆形硬纸板往内收。

17 如图，椭圆形硬纸板加工完成。

18 在胸针夹的圆形铁盘上涂上强力胶。

19 用镊子夹取已加工的椭圆形硬纸板放在胸针夹上。

20 用手加强固定椭圆形硬纸板。

21 在花布上涂上强力胶。

22 将蕾丝固定在涂抹强力胶处。

23 在蕾丝上涂上热熔胶。

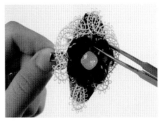

24 用镊子夹取布花，并将布花放在热熔胶上。

25 最后，用手按压加强固定布花即可。

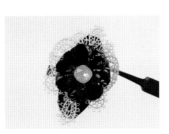

26 如图，饰品制作完成。

粉嫩樱色

材料

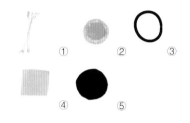

①花蕊 1 束　④粉色布 5 片（3cm）

②底座 1 个　⑤黑色圆形不织布 1 片

③发圈 1 个

步骤

01　将布料按照 p.15 "单层花瓣 1" 的方法预先制作好所需的花瓣，并用镊子夹取已定型的花瓣并沾些胶水。

02　用镊子夹取一片花瓣，并固定在底座上。

03　用镊子夹着花瓣前端调整，使前端呈圆弧形。

04　用镊子轻压花瓣中间，使花瓣呈盛开状。

05　用镊子尖端将花瓣前端往内压，形成心形花瓣。

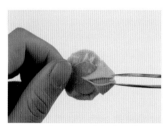

06　用镊子轻压出折痕，使心形花瓣定型。

07 重复步骤1~6，依序将花瓣固定在底座上。

08 重复步骤1~6，将所有花瓣固定在底座上，呈现樱花的形状。

09 如图，布花制作完成。

10 取花蕊，并用剪刀剪成两半。

11 在花蕊尾端涂上热熔胶。

12 用镊子夹着花蕊，待热熔胶降温后再用手按压固定。

13 用剪刀修剪多余的热熔胶。

14 用镊子调整花蕊呈放射状。

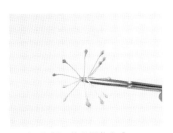

15 如图，花蕊调整完成。

16 在花蕊尾端涂上强力胶。

17 将花蕊放在布花中心。

18 用镊子按压花蕊加强固定。

19 如图，花蕊固定完成。

20 取发圈，并在发圈上涂上热熔胶。（注：将热熔胶涂于发圈接合处，使接合处不明显。）

21 将布花放在热熔胶上。

22 用手按压以加强固定布花。

23 取黑色圆形不织布，涂上强力胶。

24 将黑色圆形不织布放置在布花后方。

25 最后，用手按压以加强固定黑色圆形不织布。

26 如图，饰品制作完成。

低调红梅

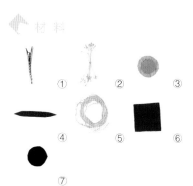

材料

①发夹 1 个　⑤米色棉线 1 捆
②花蕊 1 束　⑥红色布 5 片（3cm）
③底座 1 个　⑦黑色圆形不织布 1 片
④硬纸板 1 个

步骤

01 将布料按照 p.15 "单层花瓣1" 的方法预先制作好所需的花瓣。

02 用镊子夹取已定型的花瓣，并再次沾些胶水。

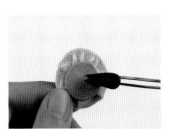

03 用镊子将花瓣固定在底座上。

04 用镊子夹着花瓣前端调整，使花瓣前端呈圆弧形。

05 用镊子轻压花瓣中间，使花瓣呈盛开状。

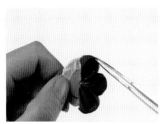

06 重复步骤 2~5，依序将花瓣固定在底座上。

07 重复步骤2~5，将所有花瓣固定在底座上，再微调花瓣的形状。

08 取一束花蕊，并将花蕊对折。

09 任取一根花蕊，缠绕在其他花蕊上。

10 将绑束用的花蕊打一个结。

11 用剪刀剪去多余的花蕊。

12 用剪刀修剪花蕊根部。

13 在花蕊根部涂上热熔胶。

14 用镊子夹取花蕊，并放在花芯处。

15 如图，花蕊固定完成。

16 用镊子轻压花蕊，使花蕊呈放射状。

17 如图，布花制作完成。

18 将强力胶涂抹于布花底座上。

将黑色圆形不织布固定在强力胶上。

在硬纸板上涂上强力胶。

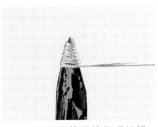

用米色棉线缠绕硬纸板。
（注：紧密地缠绕，使硬纸板不要露出来。）

将米色棉线缠绕至硬纸板1/2处。

取发夹并用手压开，将发夹如图平着塞入米色棉线与硬纸板中间。

如图，发夹放置完成。

将硬纸板依发夹形状对折。

继续用米色棉线缠绕硬纸板及发夹。

在发夹尖端涂上强力胶并固定米色棉线。（注：可剪去多余的米色棉线。）

在发夹上点上些许热熔胶。

最后，将布花固定在热熔胶上即可。

如图，饰品制作完成。

太阳花之恋

材料

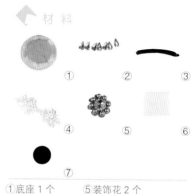

① ② ③

④ ⑤ ⑥

⑦

①底座 1 个　　⑤装饰花 2 个
②水钻 14 颗　　⑥米色布 32 片（3.6cm）
③香蕉夹 1 个　　⑦黑色圆形不织布 1 片
④蕾丝 1 段

步骤

01 将布料按照 p.15 "单层花瓣
1" 的方法预先制作好所需的
花瓣。

02 用镊子夹取已定型的花瓣，
并再次沾些胶水。

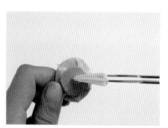

03 用镊子将花瓣固定在底座
上。

04 重复步骤 2、3，将花瓣依序
固定在底座上。

05 重复步骤 2、3，将所有花
瓣摆放于底座上，做成花朵
状。

06 如图，花瓣固定完成。

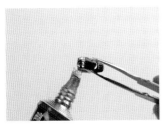

在水钻背面涂上强力胶。

将水钻固定在布花上。

重复步骤7、8，依序将水钻摆放完成。（注：可用镊子调整水钻位置。）

如图，水钻装饰完成。

在装饰花背面涂上强力胶。

用镊子夹着装饰花，放在花芯处。

如图，布花制作完成。（注：可预先制作两朵布花。）

在黑色圆形不织布上涂上强力胶。

将黑色圆形不织布固定在布花底座上。

取出香蕉夹，并在表面涂上一层强力胶。

将蕾丝粘贴于香蕉夹上。

重复步骤16、17，将蕾丝粘贴于香蕉夹另一侧。

19 在香蕉夹上涂上热熔胶。

20 用镊子夹取布花。

21 将布花放在热熔胶上。

22 如图，布花固定完成。

23 最后，重复步骤19~21，完成另一侧布花的粘贴即可。

24 如图，饰品制作完成。

恬静紫红

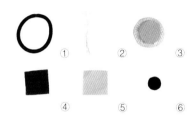

① 发圈 1 个　　④ 紫红色布 5 片（3cm）
② 花蕊 1 束　　⑤ 粉红色布 5 片（3.5cm）
③ 底座 1 个　　⑥ 黑色圆形不织布 1 片

步骤

01 将布料按照 p.18 "双色花瓣 2" 的方法预先制作好所需的花瓣。

02 用镊子夹取已定型的花瓣，并再次沾些胶水。

03 用镊子夹着花瓣，并固定在底座上。

04 用镊子将花瓣前端向内弯折。

05 用镊子轻压花瓣中间，使花瓣更有立体感。

06 重复步骤 2~5，依序将花瓣固定在底座上。

07 重复步骤2~5，将所有花瓣摆放完成后，再用镊子调整花瓣，使花朵更具立体感。

08 先将花蕊对折，再任取一根花蕊。

09 将步骤8取出的花蕊，缠绕在其他花蕊上。

10 将花蕊打结固定成一束。

11 用剪刀剪掉绑束用的多余花蕊。

12 如图，花蕊修剪完成。

13 用剪刀剪齐花蕊根部。

14 如图，花蕊根部修剪完成。

15 在花蕊根部涂上热熔胶。

16 将花蕊固定在花芯处，用镊子轻压花蕊呈放射状。

17 如图，花蕊整理完成。

18 在发圈上涂上热熔胶。（注：将热熔胶涂于发圈接合处，可使接合处不明显。）

19 承接步骤 18，将布花放在热熔胶上固定。

20 用手按压以加强固定布花和发圈。

21 在黑色圆形不织布上涂上强力胶。

22 将不织布放在布花底座上。

23 最后，用手加强固定黑色圆形不织布即可。

24 如图，饰品制作完成。

纷飞舞蝶

材 料

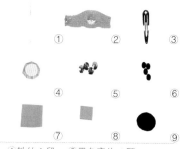

①铁丝 1 段	⑥黑色亮片 4 颗
②蕾丝 1 片	⑦大粉色布 6 片（2.5cm）
③发夹 1 个	⑧小粉色布 2 片（1.5cm）
④底座 1 个	⑨黑色圆点不织布 1 片
⑤白钻 4 颗	

步 骤

01 将布料按照 p.16 "单色花瓣 2" 的方法预先制作好所需的花瓣。

02 先将一片大花瓣沾些胶水，再固定在底座上。

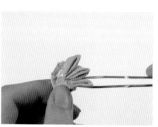

03 重复步骤 2，将大花瓣逐片固定在底座上。

04 将 6 片大花瓣固定在底座上，呈现蝴蝶翅膀的造型。

05 先以小花瓣沾些胶水，再固定在蝴蝶翅膀下侧。

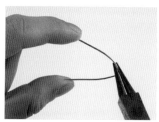

06 用圆嘴钳将铁丝弯成 U 形。

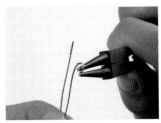

07 用圆嘴钳将铁丝一端弯成圆形。（注：使用圆嘴钳可更易弯成圆形。）

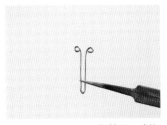

08 重复步骤7，将铁丝两端皆弯成圆形后，做成蝴蝶触角。

09 铁丝U形部分点取强力胶。

10 将蝴蝶触角固定在蝴蝶布花上。

11 在蝴蝶触角上涂上胶水。

12 用镊子夹取黑色亮片，摆放在胶水上方，作为蝴蝶身体。

13 在蝴蝶翅膀上涂上胶水。

14 用镊子夹取白钻，装饰蝴蝶翅膀。

15 重复步骤13、14，依序贴上所有白钻。（注：可视个人喜好调整白钻的摆放位置及数量。）

16 在蝴蝶布花底座上涂上强力胶。

17 用镊子夹取黑色圆形不织布。

18 将不织布固定在强力胶上。

19 在发夹上涂上强力胶。

20 将蕾丝粘贴于强力胶涂抹处。

21 在发夹另一面涂上强力胶。

22 将右侧蕾丝沿着发夹外形向内折。

23 依序将蕾丝向内折。

24 如图，发夹加工完成。

25 在已加工的发夹上涂上热熔胶。

26 最后，将蝴蝶布花固定在发夹上即可。

27 如图，饰品制作完成。

清新花漾

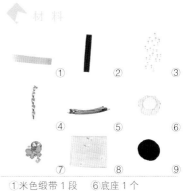

▲ 材料

① ② ③
④ ⑤ ⑥
⑦ ⑧ ⑨

①米色缎带1段	⑥底座1个
②硬纸板1个	⑦蝴蝶装饰1个
③小珍珠适量	⑧花布5片（3.5cm）
④水钻链1串	⑨黑色圆形不织布1片
⑤法式夹1个	

▲ 步骤

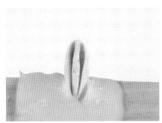

01 将布料按照 p.15 "单色花瓣1"的方法预先制作好所需的花瓣。

02 用镊子夹取已定型的花瓣，并再次沾些胶水。

03 用镊子把花瓣固定在底座上。

04 用镊子夹着花瓣前端调整，使花瓣前端呈圆弧形。

05 重复步骤2~4，依序将花瓣粘贴在底座上。

06 重复步骤2~4，将所有花瓣粘贴完成，呈花朵状。

07 在花芯处涂上热熔胶。

08 将蝴蝶饰品固定在花芯处。

09 取珍珠并涂上强力胶后，粘贴于蝴蝶饰品侧边。

10 在硬纸板上涂上强力胶。

11 将缎带粘贴于硬纸板上。（注：缎带需大于硬纸板。）

12 在缎带上涂上强力胶。

13 将缎带包覆在硬纸板上，做成缎面硬纸板。

14 在法式夹上涂上强力胶。

15 取缎面硬纸板粘贴于法式夹上方，并用手加强固定。

16 在缎面硬纸板右侧涂上强力胶。

17 用镊子夹取珍珠摆放在强力胶上。

18 如图，第一排珍珠粘贴完成。

19 重复步骤 16、17，依序再粘贴 3 排珍珠。

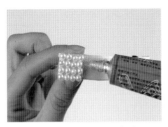

20 在珍珠侧边涂上强力胶。

21 将水钻链摆放于强力胶上。

22 在水钻链侧边涂上强力胶。

23 依序取珍珠摆放于强力胶上。

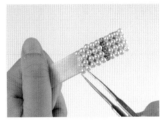

24 重复步骤 22、23，再粘贴 4 排珍珠。

25 先在缎面硬纸板右侧涂上强力胶，再摆放 2 排珍珠，即完成珍珠装饰。（注：需预留摆放布花的位置。）

26 在布花底座上涂强力胶。

27 用镊子夹取布花摆放于步骤 25 中预留的位置。

28 最后，用手按压加强固定布花即可。

29 如图，饰品制作完成。

浪漫紫苑

材料

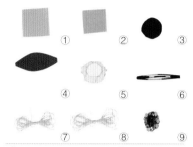

①紫色布 5 片（2.5cm）　⑥发夹 1 个
②粉色布 5 片（3cm）　⑦粉色棉线 1 捆
③黑色不织布 1 片　⑧紫色棉线 1 捆
④硬纸板 1 张　⑨带钻饰品 1 个
⑤底座 1 个

步骤

01 将布料按照 p.18 "双色花瓣 2" 的方法预先制作好所需的双色花瓣。

02 将布料按照 p.19 "双色花瓣 3" 的方法预先制作好所需的反折双色花瓣。

03 用镊子夹取已沾胶水的双色花瓣，并固定在底座上。

04 用镊子整理双色花瓣前端，使花瓣前端呈圆弧形。

05 用镊子轻压双色花瓣中间，使花瓣呈盛开状。

06 重复步骤 3~5，依序将双色花瓣固定在底座上。

07 再将反折双色花瓣固定在底座上，并夹弯花瓣前端，使花瓣呈圆弧形。

08 将所有反折双色花瓣固定在底座上，呈花朵状。

09 在带钻饰品后面涂上热熔胶。

10 将带钻饰品摆放于花芯处。（注：可用手加强固定。）

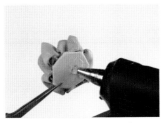

11 在布花底座上涂热熔胶。

12 取黑色圆形不织布，摆放到热熔胶上。

13 用镊子按压以加强固定黑色圆形不织布。

14 取硬纸板，并在硬纸板侧边涂强力胶，以便后续固定粉色棉线。

15 取粉色棉线摆放于强力胶上。

16 顺着硬纸板形状缠绕粉色棉线。（注：缠绕时须紧密，避免棉线过于松散，以缠绕至看不到硬纸板为宜。）

17 如图，粉色棉线缠绕完成。

18 在粉色棉线侧边涂强力胶。

19 将粉色棉线摆放于强力胶上。

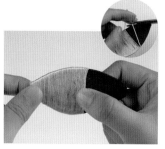

20 用剪刀剪下过长棉线，并用手按压将棉线固定在纸板上。

21 取发夹，如图所示插进硬纸板和棉线之间。

22 在粉色棉线侧边涂上强力胶。

23 取紫色棉线摆放于强力胶上的粉色棉线侧边。

24 顺着硬纸板形状缠绕紫棉线。（注：末端需预留涂胶空间。）

25 继续缠绕紫色棉线后，再取强力胶涂在预留的硬纸板上。

26 继续将紫色棉线缠绕完成。

27 用剪刀剪去多余的紫色棉线。

28 在布花底座上涂上热熔胶。

29 最后，将布花固定在发夹上，并用手按压加强固定即可。

30 如图，饰品制作完成。

奢华风格

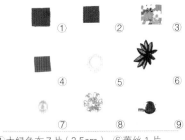

▶ 材 料

① ② ③

④ ⑤ ⑥

⑦ ⑧ ⑨

① 大绿色布 7 片（2.5cm）　⑥ 蕾丝 1 片
② 小绿色布 10 片（1.5cm）　⑦ 珍珠 1 颗
③ 花布 2 片（2.5cm）　⑧ 花座 1 个
④ 红色布 14 片（2.5cm）　⑨ 胸针 1 个
⑤ 底座 1 个

▶ 步 骤

01 将布料按照 p.16 "单色花瓣2"、p.20 "双色花瓣4"的方法预先制作好所需的花瓣。

02 将红色花瓣沾些胶水，并固定在底座上。

03 重复步骤2，再取四片红色花瓣放在底座上。

04 重复步骤2，依序将所有红色花瓣放在底座上，呈花朵状，即完成第一层红色花瓣。

05 用镊子夹取已沾些胶水的花布花瓣，摆放在两片红色花瓣中间。

06 重复步骤5，再取一片花布花瓣摆放在红色花瓣中间。

07 重复步骤5，取一片双色花瓣，再摆放在红色花瓣中间。

08 重复步骤5，依序取花瓣，并摆放在红色花瓣外围。

09 依序摆放花瓣，即完成第二层花瓣的制作。

10 在蕾丝上涂上热熔胶。

11 用镊子夹取布花，并固定在蕾丝上。

12 用镊子按压以加强固定布花和蕾丝。

13 如图，布花固定完成。

14 用镊子夹取已沾些胶水的绿叶。

15 摆放于第二层花瓣的间隙。

16 重复步骤14、15，依序取绿叶穿插摆放于花瓣的间隙。

17 如图，绿叶装饰完成。

18 在花座上涂上强力胶。

19 将花座固定在花芯。

20 用镊子夹取已沾些强力胶的珍珠，固定在花座上。

21 如图，珍珠固定完成。

22 在胸针夹的圆形铁盘上涂上强力胶。

23 用镊子夹取布花，固定在胸针夹的圆形底盘。

24 最后，用手按压加强固定布花即可。

25 如图，饰品制作完成。

雅致情调

材料

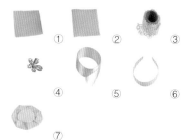

①小米色布4片（4cm）　⑤缎带1段
②大米色布2片（4.5cm）　⑥发箍1个
③蕾丝缎带1段　　　　　⑦底座1个
④花形钻1个

步骤

01 将布料按照 p.15 "单色花瓣
1" 的方法预先制作好所需的
花瓣。

02 用镊子夹取已沾些胶水的小
花瓣，放在底座上。

03 用镊子将花瓣前端向内弯
折。

04 用镊子轻压花瓣，增加花瓣
立体感。

05 重复步骤 2~4，取一片小花
瓣固定在底座上。

06 重复步骤 2~4，依序取两片
大花瓣摆放至底座上，形成
花朵状。

07 取一片已沾些胶水的未开花瓣，固定在底座上。

08 重复步骤 7，再取一片未开花瓣放在底座上。

09 在花芯涂上热熔胶。

10 用镊子夹取花形钻放在花芯。

11 用镊子轻压加强固定花形钻。

12 在发箍上涂上强力胶，并将缎带缠绕在强力胶上。

13 将缎带以螺旋状的方式缠绕在发箍上。

14 重复步骤 13，继续将缎带向下缠绕。

15 用剪刀剪去多余缎带。（注：需在末端预留一小段缎带，以便待会儿向内折并固定。）

16 在发箍末端涂上强力胶，并用镊子夹着缎带，固定在强力胶上。

17 用剪刀剪去多余缎带，只留大约 5mm。

18 将强力胶涂于缎带末端。

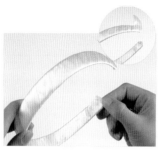

19 将缎带内折收边。

20 重复步骤 15~19，将发箍另一侧缎带向内收。

21 在缎面发箍上涂上强力胶，将蕾丝缎带粘在发箍上。

22 承接步骤 21，将蕾丝缎带粘在缎面发箍上。

23 在缎面发箍尾端涂上强力胶。

24 用手按压加强固定蕾丝缎带。

25 用剪刀剪下蕾丝缎带。

26 如图，发箍加工完成。

27 在发箍上涂上热熔胶。

28 用镊子夹取布花粘在发箍上。

29 最后，用镊子轻压布花加强固定即可。

30 如图，饰品制作完成。

黑色迷梦

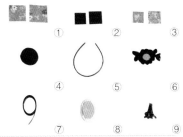

材料

① ② ③

④ ⑤ ⑥

⑨ ⑦ ⑧ ⑨

①大花布 5 片（4.3cm、4.5cm） ⑥蕾丝 1 片
②紫红色布 5 片（3.8cm、4cm） ⑦缎带 1 段
③小花布 5 片（2.3cm、2.5cm） ⑧底座 1 个
④黑色圆形不织布 1 片 ⑨花蕊 1 束
⑤发箍 1 个

步骤

01 将布料按照 p.18 "双色花瓣 2" 的方法预先制作好所需的双层花瓣。

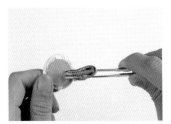

02 用镊子夹取已沾些胶水的花瓣，固定在底座上。

03 用镊子将花瓣前端向内弯折。

04 用镊子轻压花瓣，增加花瓣立体感。

05 重复步骤 2~4，取两片花瓣放在底座上。

06 重复步骤 2~4，依序将花瓣放在底座上，呈花朵状。

07 用镊子夹取已沾些胶水的紫红色花瓣，放在布花上。

08 重复步骤7，依序将紫红色花瓣放在布花上，并用镊子调整花瓣。

09 用镊子夹取已沾些胶水的小花瓣，放在紫红色布花上。

10 重复步骤9，依序将小花瓣放在紫红色布花上，呈三层布花的形状。

11 在花蕊尾端沾取热熔胶，并用镊子夹取，固定在花芯。

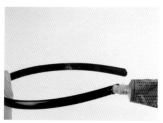

12 在发箍上涂上强力胶。

13 将缎带固定在发箍一端。

14 将缎带以螺旋状的方式缠绕在发箍上。（注：需预留一小段缎带。）

15 重复步骤14，继续将缎带向下缠绕。

16 继续将缎带向下缠绕到发箍末端。

17 在发箍尾端涂上强力胶。

18 将缎带向下缠绕，使缎带不松脱。

19 用剪刀剪去多余的缎带。

20 在缎带末端涂上强力胶。

21 将缎带末端向内收，并用镊子轻压加强固定缎带。

22 重复步骤 17~21，将另一侧缎带向内收。

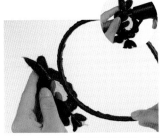

23 取已涂上热熔胶的蕾丝，固定在发箍上。

24 用手按压加强固定蕾丝。

25 在布花底座上涂上热熔胶，并将布花放在发箍上。

26 用手按压加强固定布花。

27 在黑色圆形不织布上涂上热熔胶。

28 将黑色圆形不织布粘贴于布花上。

29 最后，用手按压加强固定黑色圆形不织布即可。

30 如图，饰品制作完成。

水钻韶华

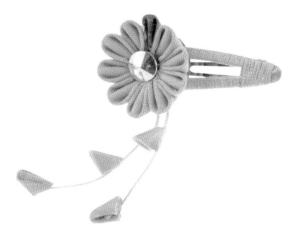

▽ 材 料

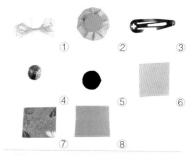

① 棉线 1 捆　⑤ 黑色圆形不织布 1 片
② 底座 1 个　⑥ 浅粉色布 13 片（2cm）
③ 发夹 1 个　⑦ 花布 1 片（2cm）
④ 水钻 1 颗　⑧ 缎带 1 段

▽ 步 骤

01 将布料按照 p.15 "单色花瓣 1" 的方法预先制作好所需的花瓣。

02 用剪刀剪取一段棉线。

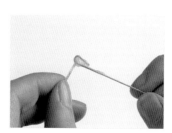

03 在线头上涂上胶水。

04 用镊子夹取浅粉色花瓣放在线头处。

05 如图，浅粉色花瓣固定完成。

06 在棉线上涂上胶水。

07 粘上第二片浅粉色花瓣。（注：
需和第一片花瓣平行放置。）

08 用镊子轻压加强固定花瓣，
使花瓣不易掉落。

09 如图，花瓣流苏制作完成。
（注：预先制作两条流苏。）

10 在底座上涂上胶水。

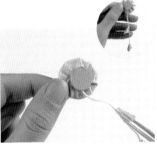

11 将花瓣流苏放在涂抹胶水
处。

12 重复步骤10、11，放置第二
条花瓣流苏。

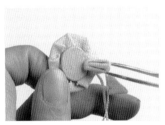

13 用镊子夹取已沾些胶水的粉色
花瓣，放在底盘上。

14 重复步骤13，再取4片花
瓣固定在底座上。

15 重复步骤13，依序将花瓣固
定在底座上，呈花朵状。

16 在花芯上涂上热熔胶。

17 将水钻固定在花芯。

18 用镊子轻压加强固定水钻。

19 如图，布花完成。

20 在发夹上涂上强力胶，并粘贴缎带。

21 在发夹另一面涂上强力胶。

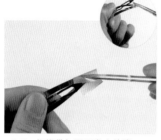

22 将缎带包覆于发夹前端。

23 用镊子加强固定缎带。

24 如图，缎带包覆完成。

25 取出棉线，在发夹前端缠绕一圈。

26 将棉线以螺旋状的方式缠绕发夹。

27 将棉线穿过发夹中间的空隙。

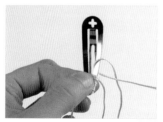

28 轻拉穿过发夹的棉线。

29 重复步骤27、28，在发夹右侧的铁片上缠绕棉线。

30 重复步骤27、28，将发夹右侧的铁片缠绕完成。

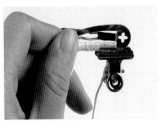

31 取铁夹暂时固定右侧棉线。

32 重复步骤27~30，在发夹左侧铁片上缠绕棉线。

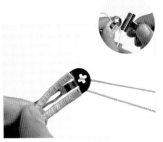

33 先将左侧棉线缠绕完成后，再取下右侧铁夹。

34 在发夹尾端涂上强力胶。

35 将棉线以螺旋状的方式缠绕发夹。

36 重复步骤35，继续缠绕棉线至发夹十字形镂空处。

37 将两边的棉线穿过发夹镂空处，并继续沿着发夹轮廓缠绕。

38 如图，棉线缠绕完成。

39 缠绕完成后，再次将棉线穿过发夹镂空处。

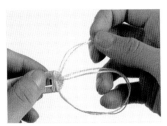

40 将棉线打结。先将棉线拉出一个圆圈。

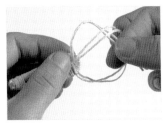

41 将棉线尾端穿过圆圈。

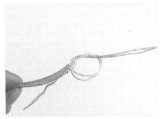

42 将两条棉线一起拉紧，打成一个结。

43 将结拉紧。

44 用剪刀剪下棉线。

45 如图，发夹绕线完成。

46 在棉线结上涂上热熔胶。

47 用镊子将棉线结向内收。

48 在布花底座上涂上热熔胶。

49 将布花放在发夹上。

50 用手按压加强固定布花和发夹。

51 在黑色圆形不织布上涂上热熔胶。

52 最后，将黑色圆形不织布放在布花后面，用镊子轻压加强固定即可。

53 如图，饰品制作完成。

备案号：豫著许可备字-2017-A-0174

图书在版编目（CIP）数据

细工花：纯手感立体布花小物 / 玩创编辑小组著.—郑州：河南科学技术出版社, 2018.6

ISBN 978-7-5349-9191-2

Ⅰ.①细… Ⅱ.①玩… Ⅲ.①布料—手工艺品—制作　Ⅳ.①TS973.5

中国版本图书馆CIP数据核字（2018）第055373号

出版发行：河南科学技术出版社
　　　　　地址：郑州市经五路66号　　邮编：450002
　　　　　电话：（0371）65737028　　65788613
　　　　　网址：www.hnstp.cn
策划编辑：梁莹莹
责任编辑：梁莹莹
责任校对：窦红英
封面设计：张　伟
责任印制：张艳芳
印　　刷：郑州新海岸电脑彩色制印有限公司
经　　销：全国新华书店
幅面尺寸：170mm×230mm　　印张：6.5　　字数：180千字
版　　次：2018年6月第1版　　2018年6月第1次印刷
定　　价：49.00元

如发现印、装质量问题，影响阅读，请与出版社联系并调换。

我的刺绣笔记
唯美田园

缤纷迷人的
钩编花片和实用小物

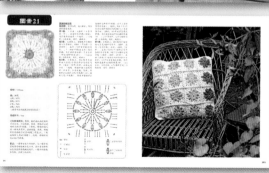

艾米果的拼布生活

全图解
幸运绳编手链

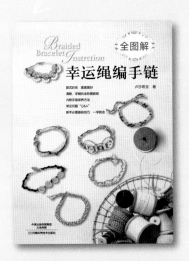

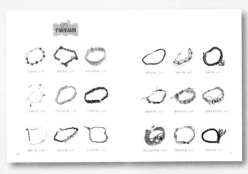

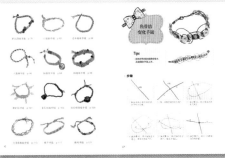

中国手工艺网络大学
ONLINE UNIVERSITY OF HANDICRAFT
只\做\有\品\质\的\手\工\课\程

1 细工花制作 基础入门班　扫码观看高清视频教程

手把手教您
细工花制作
基础技巧

亮丽佳人发圈
制作教程

初恋似锦发卡
制作教程

2 细工花制作 拓展设计班

花韵春影胸针

紫阳花团胸针

访问中国手工艺网络大学

手艺大学APP　　手艺大学网页版

http://edu.5349diy.com　　搜索

开启手工学习之旅

中国手工艺网络大学拉近您与一线名师的距离，使您高效、便捷地获取系统、专业、特色、高清的手工艺在线课程。